DES

CONGRÈS AGRICOLES

ET DE

L'ORGANISATION DE L'AGRICULTURE

EN FRANCE

Cambrai, imprimerie de P. LEVEQUE, Place-au-Bois, 14.

DES

CONGRÈS AGRICOLES

ET DE

L'ORGANISATION DE L'AGRICULTURE

EN FRANCE;

PAR

M. LE MARQUIS D'HAVRINCOURT,

Membre du Conseil d'administration de Grignon,
Membre des Sociétés agricoles de Cambrai, de Douai et de Saint-Quentin.

PARIS,

Chez Mme Ve BOUCHARD — HUZARD, libraire,
rue de l'Eperon, 7.

—

1845.

DES

CONGRES AGRICOLES

ET DE

L'ORGANISATION DE L'AGRICULTURE

EN FRANCE.

—

Depuis trois ou quatre ans, il se produit en France un mouvement agricole qui peut paraître futile et sans importance à l'esprit superficiel ou au citadin pour lequel l'homme des champs n'a aucune valeur, mais qui prend une toute autre gravité aux yeux de l'observateur sérieux qui va au fond des choses, et qui sait juger les causes et prévoir les effets.

Nous pensons, nous, qu'il s'agit de la régénération de l'agriculture française, de sa reconnaissance et de sa constitution dans l'Etat.

Nous pensons surtout, que les conséquences

des faits qui se préparent seront considérables, et à la fois matérielles et politiques; c'est-à-dire qu'il en résultera pour le pays non seulemeut une augmentation incalculable de richesses et de force, mais encore la possibilité de faire agir nos rouages administratifs jusque dans le fond des campagnes; tandis qu'aujourd'hui le jeu de nos institutions y est la plupart du temps paralysé ou faussé, faute d'hommes capables de les appliquer.

Nous espérons démontrer jusqu'à l'évidence ces diverses assertions.

Et d'abord, est-il nécessaire, est-il urgent de changer l'état actuel de notre agriculture, ou bien est-elle ce qu'elle doit être ?

Il y a cent ans, l'agriculture française était au moins aussi avancée, aussi florissante que les agricultures anglaises et allemandes. Depuis, ces pays ont marché et marché à pas de géant, et nous, nous sommes restés stationnaires; de sorte qu'aujourd'hui nous leur sommes déplorablement inférieurs. Les voyageurs sont unanimes pour signaler cette triste vérité. Elle ressort avec la dernière évidence du voyage agronomique si intéressant, de M. le comte de Gourcy, et surtout du très remarquable ouvrage publié tout récemment par M. Catineau-Laroche.

Quelques résultats comparatifs extraits de ce dernier ouvrage vont en donner une idée :

En Angleterre, le froment rend en
moyenne. . . . . , . 10 fois la semence.
En France, il ne la rend que   6 fois.

En Angleterre chaque hectare productif rapporte
en moyenne. . . . . 244 f. 92 c.
En France , chaque hectare ne
rapporte que. 105   00

En Angleterre chaque individu at-
taché à l'agriculture produit. . . . 715 f. 00 c.
En France, il produit. 245   00

D'où il résulte qu'en Angleterre les populations
agricoles sont dans l'aisance, tandis qu'en France
elles sont misérables.

En Angleterre, la part de chaque habitant de
toutes classes dans les produits bruts agricoles,
est de. . . . . 235 f. 70 c.
En France, elle n'est que de. . 133   45

En réduisant tous les bestiaux *produisant de
l'engrais* à des moutons *donnant le même produit*
en France et en Angleterre afin de comparer les
quantités d'engrais produits dans les deux pays,
ou trouve qu'il y a par hectare :

En Angleterre. . . . 18 têtes de moutons.
En France. . . . . 2 2/3   id.
et que pour des années de famine ou de guerre,

si on calcule les ressources des deux pays, l'Angleterre entretient annuellement une quantité de bestiaux qui fournirait, *sans renouvellement*, à la nourriture de toute sa population, pendant trois ou quatre ans.

Tandis que la totalité des bestiaux français ne fournirait que 64 kilog. de viande par individu. (Tout le monde sait qu'on importe chaque année en France une très grande quantité de bestiaux étrangers.)

Pour donner une idée des progrès de l'agriculture anglaise, nous terminerons par un dernier fait.

En 1715, le poids moyen était, en Angleterre, pour chaque bœuf et vache.   .   .   184 kilog.
pour chaque mouton.   .   .   .   .   14 id.

Aujourd'hui ce poids moyen est, chair nette :
pour chaque bœuf et vache.   .   .   360 kilog.
pour chaque mouton.   .   .   .   .   36 id.

En résumé, depuis 1715, en Angleterre, les produits du sol ont prodigieusement augmenté et se sont améliorés d'une manière inouie.

Tels sont, au milieu d'une énorme quantité de faits curieux cités par M. Catineau-Laroche, quelques-uns des résultats comparatifs qu'une étude approfondie des deux agricultures l'a mis à même de nous faire connaître.

L'infériorité de notre agriculture est un fait depuis longtemps reconnu :

Le gouvernement, les chambres ont bien cherché à modifier ce triste état de choses. On a créé des concours trop souvent déserts ; on a fait venir à grands frais des bestiaux de races choisies toujours revendus avec perte ; on a distribué des primes : la somme des encouragemens à l'agriculture a été portée dans le budget à 800,000 fr.

Tout cela est bien, très-bien, pas encore assez bien même. Mais ces mesures ne sont que des accessoires, elles n'atteignent pas le mal dans sa racine.

Qu'est-ce en effet qu'une industrie qui devrait être la base de la fortune publique, et qui ne peut se suffire à elle-même ? Qui sans cesse tenue en lisière, ne peut prendre la direction de ses propres intérêts, ni payer les frais de ses améliorations ?

Voyez comme l'agriculture anglaise marche toute seule aux progrès, sans appuis, sans allocations.

Je sais que la constitution de la société anglaise est toute différente de la nôtre : qu'elle repose sur le principe des grandes propriétés, tandis que nos lois amènent les divisions territoriales.

Je sais aussi que les moyens d'action de nos voisins, leur base d'opération, si je puis m'exprimer ainsi, ne sont pas les mêmes que les nôtres :

car, parmi les résultats cités par M. Catineau-Laroche, nous trouvons que :

La population agricole en Angleterre est de 8 millions d'individus, sur 24 millions d'habitans, c'est-à-dire des 33 centièmes de la population totale ;

Tandis qu'en France la population agricole est de 21 millions sur 34 millions d'habitans, c'est-à-dire des 90 centièmes de la population totale.

Nous trouvons encore que les méthodes de l'agriculture anglaise sont fondées sur le principe de la grande culture, et qu'elle trouve dans ses grands propriétaires si immensément riches, un appui et des encouragemens qui lui snffisent.

De ces faits, il ressort :

1° qu'en Angleterre, les populations industrielles sont bien plus nombreuses que les populations agricoles, tandis qu'en France, c'est tout le contraire.

2° Et encore, que les procédés employés par les anglais, leur système cultural et leurs machines sont économiques de bras, tandis que la culture française se fait par les hommes.

Nous admettons volontiers que le système pastoral, l'emploi des machines, soient améliorants et économiques ; mais lorsqu'on veut dans la pratique, arriver à des résultats, il ne faut pas se borner à constater des infériorités ; citer des différences , et souhaiter l'impossible. Il faut savoir accepter les faits accomplis et partir de cette base ; renoncer à *copier* ce qui ne nous ressemble pas, mais s'attacher à *appliquer* ce qui nous est aplicable.

Or, nous ne pouvons pas faire que la population agricole française , ne soit pas de 24 millions d'individus. Il faut donc d'abord que nous fassions employer ces 24 millions par notre agriculture ; puis, que nous cherchions à leur donner le meilleur emploi possible en leur procurant le plus d'aisance possible.

Voilà à notre avis la base de tout système cultural applicable à la France, base à la fois rationnelle et morale.

Tout système qui tendrait à économiser les bras employés aujourd'hui par le travail agricole, et par suite à rejeter dans l'industrie nos populations des campagnes , devrait être repoussé.

Ce système serait impolitique :

1° Parce que les populations agricoles sont à la fois plus fortes , plus morales et plus tranquilles que les populations industrielles.

2° Parce que l'industrie, qui, à l'aide de ses machines , centuple si facilement la force de l'homme , arriverait promptement à ces excès de production qui font précisément le mal de l'Angleterre, et, ainsi que nous l'avons dit ailleurs :

« Profitons de l'expérience de nos voisins d'outre-
» mer : Gardons-nous de ces excès de protection
» et par suite d'extension données au commerce ;
» car après les jours prospères, l'industrie qui a
» trop produit, à ses grandes crises ; elle a d'ir-
» réparables désastres qui laissent sans travail et
» sans pain ses nombreuses populations manufac-
» turières. »

Et, c'est en cela que l'agriculture et l'industrie
diffèrent essentiellement :

L'excès de production tue l'industrie et fait
souffrir le pays ;

L'*excès* de production pour l'agriculture ne peut
jamais exister ; et, de l'augmentation de ses pro
duits naît sa richesse et l'aisance générale du pays
tout entier.

En cherchant d'obtenir cet accroissement dans
les produits, ou, en d'autres termes, l'amélioration
de l'agriculture, nous sommes donc certains de
rechercher le bien de notre pays, c'est là notre
tâche et nous devons l'entreprendre sans nous
attacher à copier aucun système particulier, mais
en étudiant la constitution de notre société française, et en lui appliquant ce qui lui est applicable.

Eh bien, tout en reconnaissant qu'il manque
et qu'il manquera toujours à l'agriculture française
quelques-uns des élémens puissans de progrès qui
ont aidé l'agriculture anglaise, nous remarquons
que dans certaines parties de l'Angleterre, la

propriété et l'agriculture sont assez divisées, et cependant que l'agriculture y est florissante. Nous remarquons surtout qu'en France aussi, l'industrie a bien su faire des progrès immenses. Voyez en effet comme le commerce y marche la tête haute, et comme il trouve dans son propre sein, tous les élémens de progrès.

Il y a donc quelque cause, puissante, radicale, quelqu'élément indispensable de succès , indépendant des systèmes suivis et des organisations politiques, qui sont communs à l'agriculture anglaise et au commerce français , et qui manquent à l'agriculture française.

C'est ce vice qu'il faut chercher et combattre ? C'est là qu'il faut attaquer le mal dans sa racine ; et toute autre direction, toute autre tentative n'aboutiraient qu'à ces demi-mesures si communes aujourd'hui, si misérables dans leurs effets.

Ce vice radical , nous croyons depuis deux ans l'avoir signalé dans les congrès et ailleurs :

Nous pensons que dans notre siècle et surtout dans notre France, les véritables forces vives de toute industrie, les seuls élémens de succès grands et durables, ce sont *les intelligences, les capacités*.

Et jusqu'ici, en France, elles ont toujours fui l'agriculture qu'elles ont laissée à la routine et à l'indigence, tandis qu'elles ont afflué dans l'industrie, et dans les carrières dites libérales ; tandis qu'en Angleterre elles ont partout embrassé avec

empressement la carrière de l'agriculture à laquelle
elles ont apporté les capitaux, les progrès et le
bien-être.

Voilà la véritable plaie de l'agriculture française,
voilà la cause première de ses souffrances et de
son infériorité : tant que vous ne parviendrez pas
à changer cet état de choses, l'agriculture française
sera toujours un faible mineur qui ne pourra se
passer de tutelle : jamais elle n'atteindra la virilité
qui donne la force et la vigueur.

Eh bien, nous croyons que le mouvement agricole
que nous venons de signaler est précisément
produit par la tendance que montrent aujourd'hui
à se rejeter dans l'agriculture, ces intelligences
et ces capacités qui lui manquent.

Ce qui le prouve, ce sont ces assemblées ; ces
congrès qui surgissent de toute part, qui ont fait
connaître des capacités agricoles jusqu'alors in-
connues, et qui par contre ont appelé les capacités
dans leur sein ; car, remarquons le bien : d'un côté,
point de mobile plus puissant pour exciter les
efforts, que l'émulation, et de l'autre, point d'at-
trait plus séduisant pour les capacités, que la pu-
blicité, qu'un peu d'illustration.

Voilà donc d'un côté ce que prouvent à notre
sens, les congrès, et de l'autre voilà leurs effets
pour le bien de l'agriculture.

Nous pensons que ces effets ne seront pas moins

précieux pour l'application de nos institutions dans nos campagnes.

Depuis 1830, nos lois municipales ont confié les plus grands pouvoirs aux communes. Autrefois l'administration nommait le maire, et les conseillers municipaux : les communes seules aujourd'hui nomment les membres de leur conseil municipal dans lequel l'administration doit choisir le Maire.

A ce fonctionnaire sont imposés les devoirs les plus importans : il est à la fois : officier municipal, officier de police, agent-voyer.

La loi a donc supposé que dans les campagnes on trouverait parmi les électeurs municipaux un peu de cet esprit public qui guide dans les bons choix ; et parmi les élus, les lumières qui permettent de bien administrer.

Mais hélas, en est-il souvent ainsi ? Consultez les préfets, et tous ils vous diront combien le choix des maires leur est difficile : ils vous diront que les hommes capables leur manquent complètement.

Parcourez les campagnes et vous verrez à quel point l'esprit public y est peu formé : on n'y croit qu'à la faveur, et on ignore ce que c'est que le sentiment du devoir.

Eh bien, les hommes des campagnes, les électeurs municipaux, les maires, sauf de rares exceptions, ce sont des agriculteurs.

Faites que vos agriculteurs soient plus instruits et plus capables ; et vous aurez de meilleurs conseillers municipanx, de meilleurs maires.

Ou tout simplement, *honorez l'agriculture*, et les fils des riches agriculteurs, s'ils se sentent de la capacité, ne fuiront pas tous la carrière de leurs pères, pour la laisser à celui de la famille qui, au dessous d'eux pour l'intelligence, paraît toujours assez bon *pour tenir le manche de la charrue*. Et, après avoir fait de bonnes études, après avoir appris que l'agriculture était une science qui devait éclairer la pratique ; après avoir reçu au milieu des villes et des lumières, les idées de respect aux lois, de justice égale pour tous, ils deviendront, dans la commune, des citoyens donnant l'exemple de l'ordre, ou des fonctionnaires l'établissant.

Eh bien, nous le répétons, nous pensons que les congrès sont un indice que nous marchons vers ce but précieux et qu'ils aideront eux-mêmes à l'atteindre, car si un grand nombre de capacités n'étaient déjà devenues, ou ne tendaient à devenir hommes dé l'agriculture, nous n'aurions pas vu les congrès si nombreux et si remarquablement composés : en un mot ils n'auraient pas eu le retentissement que chacun a remarqué.

Et, cependant, ces pauvres congrès ont été bien attaqués et ils sont vus de mauvais œil par bien du monde.

On leur a reproché de s'être mêlé de ce que j'appellerai la politique agricole : on a voulu les restreindre absolument aux discussions purement scientifiques.

D'autres ont regardé ces assemblées comme l'expression d'une vogue passagère qu'il fallait laisser s'éteindre d'elle-même.

A la vérité elles ont toujours été calmes et modérées : l'agriculture n'a pas imité cette petite industrie mécontente qui a jeté sur le pavé ses quelques centaines d'ouvriers et qui a menacé de se retirer à Libourne : mais oublie-t-on que rien ne prouve mieux le bon droit et la force que la persistance calme et la modération.

Examinons donc sérieusement et franchement les griefs qu'on reproche aux congrès et ceux de leurs vœux qui ont été le plus attaqués par leurs adversaires.

1° On a reproché aux congrès de se mêler d'administration en s'occupant des lois de douane, et en émettant des vœux à l'occasion des droits à établir sur les graines oléagineuses étrangères, sur les lins et les chanvres, sur les bestiaux étrangers, etc.

2° On leur a reproché de sortir des discussions scientifiques et pratiques et de se mêler d'organisation politique, en demandant l'établissement de chambres consultatives d'agriculture ; ou bien on leur a dit : « Mais vous avez une première fois

» demandé des chambres consultatives ; elles ne
» vous ont pas été accordées, votre vœu a donc
» paru inopportun, tenez vous donc tranquilles
» aujourd'hui. »

3° Enfin, et c'est là le grand, le dernier grief
qui a surtout attiré aux congrès l'éclat de répro-
bation de tous leurs adversaires apparens ou cachés,
on leur a reproché la demande d'un ministère spécial de l'agriculture.

Alors on s'est élevé contre le danger de ces
réunions, contre leur but secret. On a dit tout
haut qu'elles voulaient faire un pouvoir, une
chambre au petit pied : on a critiqué l'installation
du premier congrès central dans le palais du
Luxembourg, et ces reproches sont encore venus
se faire entendre dans l'enceinte même de la
chambre des pairs, après l'éloignement du deuxième
congrès, au bout des jardins, dans l'orangerie,
où il était du reste placé parfaitement ; mais assez
loin, ce nous semble, pour que la voix de nos
agriculteurs ne vint pas troubler dans leurs
discours nos pairs économistes.

Nous allons examiner successivement toutes ces
objections :

1° Et d'abord, les congrès ont-ils tort de s'occuper des questions de douane ?

Mais est-il un seul intérêt en France qui n'ait

le droit de pétitionner humblement pour ce qui le concerne spécialement; et est-il une question qui touche plus directement, plus profondément aux intérêts de l'agriculture que les questions des tarifs protecteurs?

En effet, deux grands principes sont en présence :

L'un, la liberté absolue du commerce, est celui des économistes qui veulent abaisser toutes les barrières, laisser entrer en franchise tous les produits, même ceux que nous ne pouvons livrer aux mêmes prix que les étrangers ; et forcer par là notre agriculture à produire à meilleur compte où à ne se livrer qu'aux spéculations dans lesquelles elle aurait l'avantage. Le tout afin de donner au pays toutes les denrées et les objets de consommation au meilleur marché possible, *résultat qui*, selon eux, *assure à toutes les classes le plus de bien-être possible.*

L'autre, celui des tarifs protecteurs, est soutenu par des praticiens qui regardent les économistes comme des rêveurs pareils à ceux qui voudraient les mêmes institutions fraternelles pour tous les peuples, Français, Russes, Arabes, Jowais.

Ils répondent qu'il n'est pas possible à l'agriculture, qu'il n'est possible à personne de faire que les terres en France n'aient une valeur bien plus élevée qu'en Russie, en Egypte, etc. : que le capital foncier étant dix fois, cent fois plus considérable, il est impossible, sous peine de ruine, que son intérêt ne soit pas plus élevé.

Ainsi, d'abord, jusqu'à ce que messieurs les économistes aient trouvé le moyen d'établir un niveau sur la valeur des terres de tous les pays avec lesquels nous sommes en rapport, il est impossible à l'agriculture française de donner tous les produits similaires aux mêmes prix que ces pays, en supposant les rendemens égaux en quantité et en richesse.

Mais tout le monde ne sait-il pas qu'il y a des conditions de climat qu'aucun effort ne peut vaincre : ainsi, les produits similaires de la Russie sont infiniment plus riches dans le midi que dans le nord de ce même pays, et ceux de l'Asie, de l'Egypte, le sont encore d'avantage : nous voyons par exemple les lins d'Odessa rendre en huile un dixième en plus que les lins de Riga : les blés d'Odessa être toujours bien plus lourds et plus farineux que les blés du nord ; tout simplement de même que nos blés sont bien plus riches par une année de chaleurs que par une année pluvieuse.

Ainsi donc pour tous les mêmes produits, l'agriculture française comme toutes les agricultures du nord, ne peut lutter contre celles de Russie, d'Asie, d'Egypte.

Resteraient les produits spéciaux à nos climats. Mais encore ici nous nous trouvons dans une infériorité plus marquée, car les pays méridionaux qui cultivent presque toutes nos denrées, ont des produits spéciaux, analogues aux nôtres dans leur transformation dernière, et qui sont infiniment plus riches. Ainsi la canne à sucre est énormément plus riche que la betterave qui, malgré l'immense avantage de sa position dans l'intérieur même du pays, au centre des améliorations de tous genres, ne supporte jusqu'ici la concurrence qu'à l'abri de la forte protection résultant des droits sur les sucres coloniaux : les sésames, les arachides, les touloucouna, rendent 50 et 60 pour cent en huile, quand nos graines oléagineuses ne rendent que 25 à 35 pour cent, etc., etc., etc.

Ainsi donc la suppression des droits protecteurs rendrait impossible à l'agriculture française :

1° Tous les produits similaires que cultivent les pays méridionaux.

2° Tous les produits analogues dans leur dernière transformation commerciale.

Eh bien, lorsque l'agriculture française aurait été forcée de renoncer aux céréales, aux graines oléagineuses, aux betteraves etc., il faudrait qu'elle cherchât autre chose.

Nous prions nos beaux rêveurs de commencer par nous indiquer cet *autre chose :* jusque-là nous leur demanderons la permission de regarder leurs théories comme un songe creux, mais dangereux ; et nous dirons hautement que le résultat certain, évident, de l'application de leurs principes, serait la ruine de notre agriculture.

« Mais, » nous répond - on : « l'agriculture
» française pourra souffrir d'abord, mais bientôt
» les capitaux se reporteront dans ces pays en
» enfance ou tombés en décrépitude dont les
» terrains ont si peu de prix : la valeur du capital
» foncier y augmentera et deviendra au pair avec
» la valeur du nôtre *et l'équilibre s'établira :* voilà
» le grand mot, l'avenir immense, le remède à
» tous les maux, la pierre philosophale des éco-
» nomistes. »

Mais d'abord sans nous arrêter à tout ce qu'il y a d'inexpérience dans cette idée de faire souffrir quelque temps l'agriculture pour la voir ensuite se relever tout-à-coup, comme le ferait une maison de commerce ruinée faute de capitaux, qui promptement refleurit sous un maître plus capable de faire des avances ; sans insister sur ce fait si vulgairement connu, qu'il faut de longues années pour les améliorations agricoles ; ne prévoit-on pas que le premier résultat de l'arrivée des capitaux dans les pays voisins, sera le perfectionnement de leurs agricultures, l'accroissement des produits, et par suite, l'abaissement des prix ; et alors comme aujourd'hui , les pays méridionaux conserveront l'immense avantage de leur climat et de leur sol si fécond. On verrait se reproduire ces résultats prodigieux de l'agriculture des anciens lorsqu'elle florissait comme les arts , comme le commerce, en Asie et en Afrique.

Qui ne connaît, en effet, l'incroyable fécondité des terres d'Egypte arrosées par le limon du Nil , cet engrais donné gratuitement aux Egyptiens par la nature.

Selon Hérodote, en Babylonie, les terres qui étaient également fertilisées par des irrigations, produisaient deux cents et même trois cents pour un.

Selon Varron et Pline , en Syrie, en Afrique et en Sicile, on recueillait cent et cent cinquante modius pour un.

Et la moyenne du rendement des céréales est en Angleterre de 10 pour 1, et en France de 6 pour 1.

En admettant même que ces résultats de l'antiquité soient exceptionnels et applicables seulement aux bonnes terres , trouverions-nous jamais dans nos climats tempérés des résultats comparables ?

Mais est-il besoin de multiplier les citations ?

N'est-il pas connu de tous, depuis des siècles, que la fertilité des pays chauds, toutes les fois que l'eau leur est donnée soit par la nature, soit par la main de l'homme, est incomparablement supérieure à celle des pays tempérés, à tel point que le travail, qui est la base de toute richesse et de toute organisation dans nos sociétés modernes, n'était presque qu'un accessoire dans l'organisation des sociétés anciennes.

Ainsi, ni dans l'état actuel, ni dans celui qu'amènerait un immense déplacement de capitaux, l'agriculture française ne saurait lutter à égalité contre les agricultures étrangères : elle ne peut donc, non seulement prospérer, mais même vivre qu'à l'abri du sage ensemble des lois de douanes et de tarifs protecteurs que nos prédécesseurs ont établi.

Alors on nous dit : eh bien, le capital foncier diminuera, vos terres et surtout vos terres du nord se vendront moins cher, et vous vous contenterez d'un intérêt moindre.

Il faut avoir lu souvent, il faut avoir entendu de la bouche d'hommes haut placés de pareilles paroles pour y croire.

Quoi, Messieurs les économistes, vous n'hésitez pas devant les conséquences que vous traitez si légèrement; mais le capital foncier, c'est la fortune publique; son abaissement, c'est la ruine de l'Etat. Et puis, c'est une perturbation sociale : c'est l'anéantissement de tous les traités particuliers dans les partages de famille accomplis où

les proportions admises seraient dès lors dé-
truites : c'est une profonde inquiétude pour tous
les partages à venir.

Mais enfin, votre but; « le plus de bien-être
» possible au plus grand nombre » serait-il au
moins atteint par l'abaissement du prix des denrées?

N'est-il pas élémentaire que le bien-être de
l'ouvrier ne peut dépendre uniquement du prix
des denrées, mais bien *du rapport* entre ce même
prix des denrées, avec celui de ses journées.
Autrement le paysan russe et polonais qui paie une
poule 15 centimes, aurait plus de bien-être que
le paysan français et anglais qui paie la viande
quatre ou cinq fois plus cher.

Or, nous venons de prouver, et personne ne le
conteste, que l'agriculture souffrirait énormément
de la suppression des tarifs protecteurs, et que la
valeur des terres et du capital foncier diminuerait
promptement.

La conséquence première et forcée de cet état
de choses, serait évidemment l'abaissement du
salaire de l'ouvrier agricole, la diminution des
revenus de tout employé à l'agriculture.

Or, en France, la population agricole est de
21 millions sur 34. Ces 21 millions d'abord, non
seulement ne bénéficieraient pas, mais ils souf-
friraient des conséquences de la mesure; car les

salaires et les bénéfices de l'ouvrier agricole, *ne lui servant pas seulement à payer ses denrées de consommation, mais encore à pourvoir à son logement et à préparer quelques économies pour la maladie ou la vieillesse, etc., etc.* il en résulterait promptement que le rapport entre le prix de ces denrées et celui de ses salaires lui serait moins favorable.

Mais si ces 21 millions souffraient, ils achèteraient moins cher aux 13 autres millions ce que ces derniers fabriquent et leur feraient bientôt partager leur souffrance.

Ce serait donc le pays tout entier qui souffrirait, et il ne peut en être autrement lorsque l'agriculture est attaquée.

Le but même des économistes, ce résultat tant vanté, tant promis, ne serait pas même atteint ; et ils auraient amené notre pays aux résultats précisément contraires à ceux qu'ils font espérer.

Ainsi, l'agriculture française est en ce moment en présence d'un système arrêté, dont l'accomplissement, selon elle, amènerait sa ruine.

Ce système a de nombreux partisans : il est puissant, car nous l'avons vu dernièrement sur le point de faire rejeter à la chambre des pairs une loi vitale pour l'agriculture d'une grande partie de la France, (la loi sur les graines oléagineuses étrangères.)

L'expression de ce système, c'est l'abaissement des tarifs :

Son champ de bataille, c'est la discussion des lois de douanes.

Et il serait interdit à l'agriculture de s'occuper des lois de douanes ; et il lui serait reproché de jeter quelques cris de détresse dans ses congrès, seules assemblées spéciales ou ses organes vrais et libres puissent élever la voix ! ! !

2° Les congrès agricoles sans être illégaux, puisqu'ils trouvent dans les congrès historiques, scientifiques et dans tant d'autres réunions, des antécédens qui les justifient, ne sont cependant pas légalement institués: ils ne trouvent de force, ni dans nos lois, ni dans leur formation, ni dans leur stabilité. Ils ne doivent-être considérés tels qu'ils sont, que comme un moyen transitoire. L'agriculture a donc tout naturellement été amenée à demander des chambres consultatives d'agriculture, ou bien plutôt *une organisation générale de l'agriculture*.

Cette demande est-elle fondée ? Est-elle un fait nouveau et improvisé ? Y a-t-il lieu, est-il opportun de la renouveler ?

Telles sont les questions que nous nous proposons d'examiner successivement.

La demande de chambre d'agriculture, ou plutôt celle d'une organisation générale de l'agriculture est-elle fondée ?

Certes, au premier aperçu, et en supposant tout à faire pour les différentes industries, il ne viendrait à l'idée de personne que dans un pays continental comme la France, dont le territoire est si étendu, l'agriculture, qui doit faire la force et la richesse de l'état, puisse être oubliée dans une organisation générale de toutes les industries françaises.

Mais tout n'est pas même à faire : ce n'est pas la construction d'un édifice tout entier que nous réclamons ; tout est construit, admirablement construit : chaque ordre, chaque industrie a sa place... excepté l'agriculture.

En effet : si nous étudions un instant d'un point de vue élevé l'ensemble de nos institutions ; nous reconnaîtrons bientôt qu'elles se divisent en deux grandes catégories.

Les institutions spéciales et consultatives :

Les institutions générales, politiques et gouvernementales.

Les premières, accordées à chaque intérêt spécial, donnent des avis, font des demandes au point de vue de ces intérêts, sont chargées de leur administration et de leur police intérieure. Ayant toutes l'élection pour origine, elles donnent naissance à une hiérarchie nécessaire, qui multiplie les rapports entre les différens degrés, et vient donner à tous, en vue d'arriver dans leurs corps à des distinctions d'autant plus flatteuses qu'elles sont dues au suffrage de leur pairs, une émulation toujours utile aux progrès des industries, jamais nuisible à la marche générale du gouvernement. Ces institutions sont aussi anciennes en France que l'établissement des communes.

Les secondes s'éclairent des renseignemens donnés par les premières assemblées, reçoivent, pèsent leurs avis et jugent leurs demandes:

Politiques par leur nature elles dépouillent tout intérêt particulier, pour ne plus voir :

Les conseils d'arrondissement, que l'intérêt de de l'arrondissement ;

Les conseils généraux, que l'intérêt du département ;

Les chambres, quo l'intérêt général du pays.

Leurs membres ne sont plus agriculteurs, commerçans, avocats, notaires etc.: ils sont citoyens.

Tel est l'admirable esprit de l'ensemble de nos institutions.

Eh bien, chaque corps, chaque intérêt distinct a son organisation propre, ses assemblées spéciales.

Les avocats ont leurs conseils de discipline ;

Les notaires ont leurs chambres des notaires ;

Les commerçans ont leurs conseils de prud'hommes, leurs chambres et leurs tribunaux de commerce, etc., etc...

Toutes ces assemblées sont formées par voie d'élection, ce qui fait leur force et leur vie.

Seule, l'agriculture reste sans organes spéciaux : seule, elle reste sans représentation : seule, elle semble déshéritée de cette large protection accordée par la grande famille à toutes les fractions qui la composent.

Et qu'on ne vienne pas nous donner la réponse banale : « l'agriculture, c'est la nation : elle a » toutes les représentations de la nation. »

Mais les avocats, les notaires, les commerçans sont la nation aussi : ils ont conservé tous les droits publics des citoyens et ils en usent bien ; et c'est *en outre*, qu'ils ont obtenu des droits particuliers qui attirent à eux toutes les imaginations ardentes, tout ce qui est séduit par un avenir brillant, tout ce qui a des moyens et de la capacité, en un mot toute la partie active de la nation : et la pauvre agriculture délaissée, n'a vu venir à elle que les natures calmes et tranquilles, il est vrai, mais qui ne lui ont point apporté tous les élémens du progrès.

Et qu'on ne vienne pas nous dire encore que l'agriculture a ses comices, ses sociétés d'agriculture.

Ces sociétés fort insignifiantes la plupart du temps, peuvent produire quelqu'émulation, lorsqu'elles savent s'y bien prendre, par leurs exhibitions d'animaux et par leurs primes : mais elles ne forment pas l'ombre d'une organisation.

Leur première idée est due à M. le comte de Caze, et pour se convaincre de l'esprit qui a présidé à leur formation, il suffit de lire sa lettre en date du 27 décembre 1819, comme ministre de l'intérieur. Il cite pour modèles les assemblées de ce genre tenues en Angleterre : « Dans ces sortes » de comices » dit-il « *formées volontairement par* » DES SOUSCRIPTEURS DE TOUT RANG, et princi- » palement par des propriétaires et des cultiva- » teurs, tenues avec ordre........ , il m'a semblé que » si de *pareilles institutions* pouvaient s'acclimater » dans un état aussi avantageusement situé que » la France, notre agriculture en retirerait des » fruits précieux, etc. »

Oui certes, ces assemblées ont fait et font encore un grand bien en Angleterre ; mais M. le ministre avait-il remarqué qu'elles y sont toutes présidées et dirigées par ces immenses propriétaires, qui, avec leurs tenanciers dont ils sont adorés, forment toute l'agriculture anglaise : que ces assemblées tenues dans les magnifiques parcs de l'aristocratie, réunissent quinze à vingt mille agriculteurs venus de 20 lieues : que ces grands propriétaires sont tous agriculteurs ; qu'ils habitent leurs terres, où ils ont des existences colossales, presque toute l'année, et qu'ils ne les quittent que pour aller siéger à la chambre des lords dont ils font héréditairement partie, et où ils ont constitué ce puissant parti tory qui n'est autre chose que le parti agricole.

Voilà bien une organisation toute formée et démesurement forte : mais rien de tout cela existait-il en France, et peut-il jamais y exister ?

Quoiqu'il en soit les sociétés agricoles se sont constituées et multipliées, la plupart se recrutent aujourd'hui *elles-mêmes* parmi les propriétaires de toutes professions qui font une demande d'admission : mais il n'y a aucun renouvellement régulier.

Ces assemblées jusqu'ici, ne peuvent donc être considérées que comme des réunions isolées de particuliers, qui dans de bonnes intentions se sont constituées elles - mêmes et se perpétuent de même ; mais qui n'ont ni racines dans l'agriculture, ni contact régulier avec elle :

Leur organisation futile et sans portée comme tant de choses en France, n'a rien de sérieux ;

elles ne forment pas même l'ombre d'une organisation agricole.

Nous avions donc raison de le dire :
« Seule au milieu de toutes les industries fran-
» çaises, l'agriculture est restée sans organes
» spéciaux, seule elle est déshéritée de cette
» large protection accordée par la grande famille
» à toutes les fractions qui la composent. »

Mais pour donner une idée, non pas générale
et banale, mais sérieuse, mais précise et complète
de cette protection accordée à tous, et de ce que
par contre l'agriculture est en droit de demander
pour elle, nous allons exposer dans ses détails
l'organisation actuelle du commerce dont peu de
personnes connaissent bien la force et l'ensemble.

M. Charles Dupin, dans son historique de l'en-
seignement industriel *et de son influence sur le sort
des peuples de 1819 à 1839*, dit en parlant des lois
et des actes de l'administration publique qui les
concernent :
» Leur ensemble, surtout en ce qui concerne
» les classes ouvrières, les prud'hommes, les
» chambres et les tribunaux de commerce, atteste
» l'équité, la générosité, la sagesse et les lumières
» d'une génération digne d'une nation civilisée. »

M. Dupin a résumé dans ce peu de lignes l'esprit

qui a présidé à la formation de ces institutions, et leur ensemble.

Ainsi, au premier échelon, nous trouvons l'institution des prud'hommes fondée d'abord pour la ville de Lyon par la loi du 18 mars 1806, (qui dans son article 34, a prévu et préparé l'établissement d'autres conseils de prud'hommes) et modifiée par un décret du 11 juin 1809, et par un avis du conseil d'état du 20 février 1810.

Cette institution, modeste comme toutes celles qui font la base des organisations, mais comme elles, la plus utile de toutes, s'est depuis, répandue dans presque toute la France.

Les conseils de prud'hommes composés d'abord de 9 membres, plus tard d'un plus grand nombre, mais dans lesquels les marchands-fabricans doivent toujours avoir une voix de plus que les chefs d'ateliers, contre-maîtres et ouvriers, sont formés de la manière suivante :

Ils sont nommés par une assemblée générale convoquée huit jours à l'avance, et composée de tout marchand-fabricant, tout chef d'atelier, tout contre-maître, tout teinturier, tout ouvrier ayant 6 ans d'exercice, et sachant lire et écrire, qui s'est fait inscrire sur un registre ouvert à l'hôtel-de-ville à cet effet.

Ils ont pour principales attributions : « de » dresser des procès-verbaux en cas de contra-

» vention ; de régler les rapports entre les maîtres
» et les ouvriers : enfin, de juger certains dif-
» férens.

» A cet effet, tous les jours, un bureau de con-
» ciliation est tenu de onze heures à une heure,
» et une fois par semaine, un bureau général ou
» conseil des prud'hommes juge les affaires qui
» n'ont pu être arrangées par le tribunal de
» conciliation.

» *Il juge en dernier ressort, sans formes, ni frais*
» *de procédure, jusqu'à la somme de* 60 *francs.*

« Les communes sont tenues de fournir aux
» conseils des prud'hommes, un local, et de
» pourvoir aux frais de premier établissement,
» de chauffage, d'éclairage et aux autres menus
» frais. »

Quelle paternelle institution ! mais aussi quel
pouvoir donné aux conseils de prud'hommes ! Où
l'agriculteur trouvera-t-il à faire juger sans frais,
ni procédure, un différent pour la simple somme
de 1 fr. ; et quel tribunal lui présentera la garantie
et lui inspirera la confiance que les maîtres et les
ouvriers trouvent dans les conseils des prud-
d'hommes. Aussi, il en résulte que chaque jour
le cultivateur et l'ouvrier des champs, reculent
devant une répression ou une réclamation pour
une perte modique, de peur des frais à subir.

Les citadins, les hommes les plus haut placés

qui font nos lois, ne se doutent pas de ce qui se passe dans nos campagnes, qu'ils jugent par les rapports officiels, ou par quelques courts séjours de repos qui leur font connaître à peine l'écorce des choses.

Ils n'ont pas la moindre idée de l'effrayante quantité de délits qui restent impunis, ou de petits procès terminés par la raison du plus fort, ou du plus hardi, faute d'un tribunal spécial et gratuit, à la portée des communes.

Exemple : Un cultivateur pauvre, s'aperçoit que son voisin riche a empiété sur son champ ; il en acquiert la preuve par un mesurage, et réclame. Le voisin répond par une fin de non recevoir et refuse la restitution. Le pauvre réclame une descente du juge-de-paix. Le riche prouve qu'il cultive (quoique par surprise) le terrain réclamé depuis un an et un jour. Le juge-de-paix le maintient en possession, sauf aux parties à en appeler devant le tribunal. Le pauvre, condamné aux frais, considérables déjà, se garde bien de risquer des frais plus considérables encore, et abandonne sa terre en demandant si les lourdes impositions dont il est accablé, ne devraient pas lui valoir des lois arrangées de manière à le protéger.

Il en est de même pour des arbres élagués par un voisin, si, tranquille et confiant dans son droit, ignorant de nos formes judiciaires, le légitime propriétaire s'est contenté d'une simple réprimande au lieu d'un avertissement par huissier.

Il serait facile de citer cent exemples pareils et journaliers qui prouveraient que la plupart de nos lois qui ont donné aux formes, plus d'importance qu'au fond ; qui obligent chaque propriétaire ayant quelques affaires, non plus à se contenter d'avoir droit loyalement, mais à devenir retord dans les détails de la science de l'huissier ; qui prouveraient dis-je, que ces lois n'ont aucune action dans nos campagnes ; cette étude serait certes fort utile, mais elle étonnerait bien nos hommes politiques qui font tranquillement faire leurs affaires par leurs notaires.

Après les conseils de prud'hommes, viennent les chambres consultatives des manufactures, fabriques, arts et métiers.

Créées par l'arrêté du 22 germinal an XI (12 avril 1803), elles ont été organisées par l'arrêté du 10 thermidor an XI (29 juillet 1809.)

Elles sont présidées par le maire et composées de six membres qui tous, doivent être au moins depuis 5 ans manufacturiers, fabricans ou directeurs de fabriques.

Elles ont pour fonctions « de faire connaître au » ministre par l'intermédiaire des sous-préfets et

» préfets, les besoins et les moyens d'amélioration
» des fabriques, arts et métiers. »

Nommées la première fois par vingt à trente
notables fabricans et manufacturiers, choisis par
le préfet ou le maire ; les chambres consultatives,
jusqu'en 1832, se sont renouvelées elles-mêmes
tous les ans, à la majorité absolue des suffrages.
Mais leur mode de renouvellement a été profondément modifié en même temps que celui des
chambres de commerce, par l'ordonnance du 17
juin 1832, dont nous parlerons tout-à-l'heure.

Les communes sont encore tenues à leur fournir
un local et à pourvoir aux frais de premier établissement, de chauffage, d'éclairage, etc.

Viennent ensuite les tribunaux de commerce,
qui avec les conseils de prud'hommes complètent
pour le commerce une juridiction spéciale à côté
de la magistrature publique formée par les justices
de paix et les tribunaux civils.

La création des tribunaux de commerce, date
de la promulgation du code de commerce 20 et
21 septembre 1807. (Car non seulement le commerce a ses tribunaux spéciaux, mais il a encore
depuis bientôt 40 ans son code spécial de commerce, et l'agriculture en est encore à demander
qu'*on s'occupe* d'un code rural !)

Des réglemens d'administration publique déter-

minent le nombre des tribunaux de commerce :
en 1840 il y en avait 174.

Chaque tribunal est composé d'un président et
de deux juges au moins, de huit au plus.

Le président et les juges de commerce sont
nommés par une assemblée des plus notables
commerçans d'après une liste formée par le préfet
et approuvée par le ministre.

Les tribunaux de commerce sont renouvelés
par moitié tous les ans, leurs fonctions sont hono-
rifiques.

« Ils connaissent :

» 1° De toutes contestations relatives aux enga-
» gemens et transactions entre négocians mar-
» chands ou banquiers ;

« 2° Entre toutes personnes, des contestations
» relatives à des actes de commerce, etc., etc. »

« Ils jugent en dernier ressort :

» 1° Toutes les demandes dont le principal
» n'excède pas mille francs.

» 2° Toutes celles pour lesquelles les parties
» justiciables de ces tribunaux, usant de leurs
» droits, auront déclaré vouloir être jugées défi-
» nitivement et sans appel. »

Enfin nous arrivons aux chambres de commerce.

Supprimées par la révolution, les chambres de
commerce ont été rétablies par l'arrêté consulaire

du 3 nivose an XI (24 décembre 1802), qui leur a donné pour attributions : « De correspondre » directement avec le ministre ; de lui présenter » leurs vues sur les moyens d'accroître la pros- » périté du commerce... de surveiller l'exécution » des travaux publics relatifs au commerce ... » et l'exécution des lois et arrêtés concernant la » contrebande. »

En 1831 une ordonnance royale donna aux chambres de commerce qui jusque-là n'avaient fait que présenter des candidats pour le conseil général du commerce parmi lesquels choisissait le ministre, le droit de nommer directement un ou plusieurs membres de ce conseil.

(Il y a bien un conseil général de l'agriculture mais tous ses membres, sans exception, sont au choix du ministre.)

Enfin le 16 juin 1832, une ordonnance du roi vint, sur le rapport de M. d'Argout, ministre du commerce et des travaux publics, ajouter énor- mément à la considération et aux attributions des chambres de commerce.

Nous voudrions pouvoir citer en entier le rap- port de M. d'Argout ; il témoigne à chaque ligne de l'intention du gouvernement de donner une grande force aux institutions spéciales.

Il ferait rougir par la comparaison, ceux qui refusent ou marchandent ces mêmes institutions à l'agriculture , et il serait la meilleure réponse à toutes les objections qu'on lui fait.

Nous nous bornerons à en citer quelques extraits.

Les chambres du commerce, comme les chambres des manufactures se renouvelaient elles-mêmes par tiers tous les ans, et, dit le rapport : « Leur
» concours a constamment été utile au gouverne-
» ment : le commerce est fortement attaché à leur
» existence; mais le mode de renouvellement a pro-
» voqué depuis long-temps des plaintes nombreuses;
» si les premières nominations ont eu lieu en vertu
» des suffrages des commerçans et des industriels
» notables de chaque localité, il ne reste plus de
» traces aujourd'hui de cet appel à l'opinion
» publique, puisque depuis 30 ans ces chambres
» se renouvellent exclusivement par les votes de
» leurs propres membres ; on reproche à ce mode
» de renouvellement plusieurs inconvéniens graves:
» les choix sont trop concentrés dans les chambres
» elles-mêmes ; l'impartiale discussion des intérêts
» divergens , n'est pas suffisamment garantie ;
» les progrès des idées sont peu rapides dans des
» corps composés constamment des mêmes in-
» dividus. »

Après ce rapport de M. le ministre du com-
merce , que reste-t-il donc des sociétés et des comices agricoles qui n'ont pas même eu cette

première origine des chambres de commerce, et qui ont ce mode de renouvellement déclaré si vicieux; et on voudrait que l'agriculture s'en contentât !

« Les réclamations dont on vient de parler » continue le rapport, « ayant été soumises au » conseil supérieur du commerce, ce conseil a » pensé que le mode ancien devait être aban- » donné, et que toute élection devait être faite » par des assemblées de commerçans, notables, » etc., etc. »

Le conseil-général du commerce a donc proposé un mode de renouvellement qui a été adopté par le ministre et institué par ordonnance royale en date du 17 juin 1832, et dont voici l'ensemble :

Les chambres de commerce seront composées de 9 à 15 membres : et en outre, sur la demande des commerçans et la proposition des préfets, de 1 membre par chaque arrondissement de la circonscription de la chambre autre que celui où elle réside.

Après la première élection qui a été faite suivant un mode particulier, les chambres de commerce, comme les chambres consultatives des manufactures, seront renouvelées par tiers tous les ans ; le renouvellement se fait à l'élection par une assemblée composée :

« 1° Des membres des tribunaux de commerce

» 2° De ceux de la chambre de commerce ou

» de la chambre consultative, y compris les mem
» bres sortans ;

 » 3° Des membres des conseils de prud'hommes
» là où il se trouve de tels conseils ;

 » 4° De notables commerçans en nombre égal
» au nombre des membres du tribunal et de la
» chambre de commerce, ou, à sa place, de la
» chambre consultative, sans toute fois que ce
» nombre de notables puisse être au-dessous de
» vingt. »

Les chambres de commerce ont pour attributions : (ordonnance du 16 juin 1832) « de donner
» au gouvernement les avis et les renseignemens
» qui leur sont demandés de sa part sur les faits
» et les intérêts industriels et commerciaux : de
» présenter leurs vues sur l'état de l'industrie et
» du commerce, et sur les moyens d'en accroître
» la prospérité : sur les améliorations à introduire
» dans toutes les branches de la législation com-
» merciale, *y compris les tarifs des douanes.* »

Ainsi donc, les organes légaux du commerce
sont saisis, par l'ordonnance même qui les a
constitués, du droit de donner leur avis sur les
tarifs des douanes, et l'agriculture qui est tout
aussi intéressée que le commerce à ces tarifs : *qui
a même souvent dans les questions de douanes, un
intérêt opposé à celui du commerce,* ne pourrait pas
élever respectueusement la voix dans les seules

assemblées spéciales et solennelles qui aient encore été, je ne dirai pas instituées, mais tolérées pour elle !

Enfin, car nous n'en avons pas fini avec toutes les protections, toutes les garanties, tous les droits accumulés pour le commerce ; enfin dis-je, notre loi organique qui règle toutes nos institutions, la charte de 1830, est encore venue donner au commerce des droits politiques *particuliers* de la plus haute valeur ; elle lui réserve des places spéciales dans la chambre des pairs.

Parmi les catégories dans lesquelles la royauté doit choisir les pairs, nous trouvons, art. 23 :

« 1° *Les présidens des tribunaux de commerce,*
» dans les villes de trente mille ames et au-des-
» sus, après qnatre nominations à ces fonctions.

» 2° Les propriétaires, *les chefs de manufactures*
» *et de maisons de commerce et de banque,* payant
» trois mille francs de contributions directes, soit
» à raison de leurs propriétés foncières depuis
» trois ans, soit à raison de leurs patentes depuis
» cinq ans, lorsqu'ils auront été pendant six ans
» membres d'un conseil-général ou *d'une chambre*
» *de commerce.*

» 3° Les propriétaires, *les manufacturiers,*
» *commerçans ou banquiers* payant trois mille francs
» d'impositions, qui auront été nommés députés
» ou juges des *tribunaux de commerce,* pourront

» aussi être admis à la pairie sans autre condi-
» tion. »

Ainsi, en dehors des droits politiques que les commerçans exercent comme citoyens, ils ont dans leurs institutions spéciales de véritables droits politiques particuliers à leur industrie.

Les présidens élus de leurs tribunaux, quelque soit leur fortune acquièrent par le fait seul de leur élection et en outre de leurs droits généraux comme citoyens, des droits politiques de l'ordre le plus élevé.

Si ces élus paient 3,000 francs d'impositions, les droits politiques concédés par les votes de leurs pairs sont :

Pour les membres des chambres de commerce, les mêmes que ceux des membres des conseils généraux de département ;

Pour les juges des tribunaux de commerce, les mêmes que ceux des députés.

Voilà, nous le pensons, de belles prérogatives, de véritables priviléges.

De sorte que, si comme cela est dans l'esprit de nos institutions, la royauté choisit dans toutes les catégories qui sont désignées par la constitution, le commerce est toujours certain d'avoir dans la chambre des pairs, des hommes spéciaux, qui dans les discussions d'où souvent dépendent les plus graves intérêts, viendront les défendre avec toute la force que donnent une longue expérience et la connaissance approfondie des faits.

Mais souvent, très souvent même, les intérêts de l'agriculture sont en opposition avec ceux du commerce :

, Eh bien, qui viendra les défendre alors? qui pourra opposer expérience à expérience, faits accomplis aux faits révélés?

A la chambre des pairs, les intérêts du commerce sont garantis toujours, ceux de l'agriculture jamais. Lorsqu'il s'agit de protections on retrouve le commerce, les industries partout: l'agriculture nulle part! nulle part !

Mais, vient-on nous objecter ; les conseils généraux sont composés de propriétaires: ils sont les représentans de l'agriculture;

Les colléges électoraux sont composés d'agriculteurs, ils nomment des députés amis de l'agriculture;

Enfin la chambre des pairs se recrute dans les conseils généraux et dans la chambre des députés.

Mais d'abord les commerçans ne concourent-ils pas comme les agriculteurs, aux nominations des conseillers-généraux et des députés ? Et n'est-ce pas en outre de leurs droits comme citoyens qu'ils exercent ceux que vous leur avez donnés comme négociants: puis d'ailleurs les faits viennent démentir vos suppositions et nous pouvons vous répondre par des statistiques incontestables.

Ainsi par exemple dans trois des départemens qui passent pour les plus avancés en agriculture le Nord, le Pas-de-Calais, et l'Aisne.

Les conseils généraux sont ainsi composés :

	Nord.	Pas-de-Calais.	Aisne.
Magistrats.	3	6	1
Notaires ou anciens notaires.	4	2	9
Avocats ou id.	4	1	5
Négociants ou id.	2	4	3
Militaires.	1	1	»
Directeur général des douanes.	1	»	»
Chef du personnel de l'instruction pub.	»	1	»
Maître des requêtes..	»	»	1
Professeur.	1	»	»
Propriétaires–rentiers habt. les villes.	8	3	5
Propriétaires id. habt. les camp.	5	3	»
Propriétaires agriculteurs.	1	9	6
TOTAL des membres. . . .	30	30	30

Que l'on veuille se donner la peine d'étudier la composition des autres conseils généraux, et on sera bientôt convaincu que non seulement ils ne peuvent être regardés comme une représentation spéciale de l'agriculture, mais qu'elle n'y a même qu'une très-faible part.

Nous savons bien que beaucoup de membres de conseils généraux s'intéressent à l'agriculture sans cependant être *propriétaires agriculteurs;* mais enfin les corps spéciaux de commerce sont composés non d'hommes dévoués au commerce mais exclusivement d'hommes pratiquant le commerce, de négocians.

Puis donc que les conseils généraux, comme tous les autres corps politiques ne sont et ne doivent point être composés uniquement d'hommes pratiquant ou ayant pratiqué l'agriculture, d'agriculteurs, ils peuvent être parfaitement bien disposés pour l'agriculture mais ils ne sont et ne seront jamais des représentans spéciaux de l'agriculture.

Quant à la chambre des députés, à la chambre des pairs, si on en retirait:

Les fonctionnaires publics,

Les militaires,

Les écrivains, auteurs, poètes, avocats etc., etc., qui ayant consacré leur vie à leur carrière, n'ont pu avoir le temps d'étudier l'agriculture, enfin les négocians et les banquiers.

Que resterait-il vraiment pour l'agriculture?

A cela on viendra nous répondre comme toujours:

« Mais il restera des propriétaires, et les pro-
» priétaires sont les amis de l'agriculture; »

Mais alors il suffirait aussi de posséder quelques actions, quelques intérêts dans une industrie et dans un commerce quelconque pour être ami du commerce, et cependant ces amis là qui seraient fort nombreux, n'ont pas paru suffisans à la loi, puisqu'elle a voulu des représentans spéciaux connaissant, ayant pratiqué eux-mêmes le commerce, comme nous demandons des représentans spéciaux connaissant, ayant pratiqué eux-mêmes l'agriculture.

Et si vous les refusiez sur quoi vous appuieriez-vous ?

Est-ce que vous regarderiez les spéculations de bourse ou de banque, les entreprises industrielles souvent hasardées, les calculs mercantiles, comme assez nobles pour donner accès aux fonctions élevées, et l'exploitation et l'amélioration des grands domaines, la direction, la moralisation des campagnes comme une carrière trop basse pour donner les mêmes droits?

Ou bien est-ce que vous voudriez prétendre que l'agriculture n'est point et ne peut-être une science, et qu'il suffit d'être propriétaire d'un domaine pour connaître l'agriculture, pour être, au besoin, son représentant et son défenseur éclairé ?

Mais la plupart du temps ce sont les propriétaires en France qui sont le moins éclairés en agriculture et qui lui viennent le moins en aide, car ils ne savent faire que des baux à courts termes et louer le plus cher possible ; tandis qu'en Angleterre les propriétaires ont amélioré l'agriculture et leurs domaines par le moyen des baux à longs termes et à prix progressifs. Demandez donc à MM. Roy et d'Alygre, les deux plus grands propriétaires de France, s'ils se regardent comme des agriculteurs: faites leur la plus simple question de pratique agricole? Ils pourront juger un débat entre l'agriculture et le commerce , soutenu par des hommes spéciaux de chaque côté ; mais être eux-mêmes ces spécialités , jamais.

Et encore une fois ce sont des spécialités que l'agriculture a droit de réclamer en regard des spécialités accordées au commerce.

Ou bien prétendriez-vous que l'agriculture n'est que le métier du laboureur, ou qu'elle est la science de tout le monde ?

Mais l'agriculture est à la fois une science théorique et une science pratique qui demande des années pour être acquise ; voyez comme en Allemagne les chaires se forment et sont suivies de tous côtés. Ouvrez , ouvrez seulement Thaër le régénérateur de l'agriculture allemande , et vous verrez les études variées, les longues et profondes combinaisons que demande la direction d'un domaine.

Voyez en Angleterre comme chaque grand seigneur a près de lui son administrateur, son ingénieur agricoles.

C'est précisément parce qu'on s'est obstiné en France à mépriser et à rejeter si bas la science agricole, que l'agriculture est restée stationnaire. Ouvrez donc enfin les yeux , philantropes de nom , et finissez-en vis-à-vis de l'agriculture , de vos dédains et de vos ignorantes fins de non-recevoir.

M. le ministre de l'agriculture et du commerce, qui avait de graves questions agricoles à faire étudier, a dû être bien embarrassé. Cela se conçoit, en effet, car il ne devait savoir à qui s'adresser.

Les soumettrait-il aux sociétés et comices comme il aurait soumis les questions commerciales aux chambres de commerce? Mais les sociétés ne lui présenteraient point assez de garantie.

Les soumettrait-ils aux congrès? Mais il ne veut point les reconnaître.

Enfin il s'est décidé pour les conseils-généraux. Il a donc persisté par cette décision à désigner les conseils généraux comme les représentans les plus directs de l'agriculture.

Mais d'abord s'était-il rendu compte de la composition des conseils généraux et s'était-il fait dresser la statistique dont nous venons de donner une esquisse pour trois départemens?

Ces questions sont de l'ordre le plus élevé : celle du crédit foncier, et de la création de banques agricoles, par exemple, traitée au congrès central après de longs débats, dans une commission spéciale, par un des chefs de notre agriculture, M. Darblay, et par un savant professeur, M. Wolonsky, a été sur la proposition de M. Dupin, ajournée à l'année prochaine, comme demandant trop de temps et de mûres discussions, pour être convenablement résolue dans le court espace de temps assigné aux réunions du congrès.

Eh bien, **M.** le ministre croit-il que les conseils généraux, accablés d'affaires de toute espèce, comme tous les corps politiques obligés de passer par tous les détails de l'administration d'un département, auront le temps d'étudier mûrement cette grave question qui touche à notre régime hypothécaire, comme le pourrait faire seule une commission spéciale.

Inévitablement, ou les conseils généraux imiteront sagement et avec plus de raison encore, la prudente réserve du congrès central, ou ils donneront des avis bien rapidement étudiés.

Espérons que les conseils généraux apprécieront la grandeur de la question agricole ; et leur mission à eux-mêmes :

Qu'ils comprendront que s'ils ne sont pas une représentation spéciale de l'agriculture, ils sont du moins ceux de nos corps politiques qui lui touchent de plus près, et qu'elle attend d'eux une protection éclairée :

Leurs vœux ont un grand retentissement : espérons donc qu'ils emploieront cette voie en 1845 ainsi que vient de le faire le conseil d'arrondissement de Cambrai, qui a émis le vœu remarquable « qu'une organisation large et complète, analogue » à celle du commerce, assure à l'agriculture la » protection à laquelle elle a droit de prétendre ; » car elle ne pourra faire de progrès réels que quand » elle ne sera plus réduite à émettre des vœux stériles

» jetés comme au hasard , quand elle aura ses
» chambres d'agriculture et son code rural, et quand
» la création d'un ministère particulier de l'agricul-
» ture permettra au gouvernement de porter la
» lumière dans les immenses détails d'une industrie
» à laquelle se rattachent toutes les forces vitales
» et la principale richesse du pays. »

Et puis, mon Dieu, quoi, vous ne voyez pas
pour vous mêmes, pour le pays tout entier, le
danger de dire toujours à l'agriculture, que des
corps politiques sont ses représentans? N'avez-
vous pas entendu des amis zélés, mais trop ar-
dens de l'agriculture, lui conseiller d'en appeler à
sa force numérique?

« Jusques à quand » lui ont-ils dit, « serez-
» vous la brebis faible que chacun vient tondre,
» la dupe et l'instrument de tous vos rivaux ?
» vous vous plaignez, et c'est vous qui avez la
» force; comptez-vous donc enfin : mais vous
» êtes les plus nombreux partout. Unissez-
» vous : marchez comme un seul homme, ne
» donnez plus vos voix qu'à des amis sûrs :
» remplissez toutes nos assemblées politiques, les
» conseils d'arrondissement, les conseils généraux,
» la chambre des députés ; faites-vous le pays
» tout entier, puisqu'on le veut, et bientôt vous
» ne mendierez plus inutilement quelques faveurs,
» vous vous octroierez vous-mêmes la justice. »

Nous nous sommes opposés, nous, à ce langage hardi et séduisant, parce que citoyen avant tout, nous avons pensé qu'il tendait à fausser l'esprit de nos institutions.

Nous voulons conserver à nos corps politiques leur grand caractère d'impartialité, de haut arbitrage entre tous les intérêts qui composent la société.

Mais comprend-on maintenant le danger des fins de non-recevoir données à l'agriculture. Voyez-vous qu'elles pousseraient plus que les discours du plus ardent tribun, les agriculteurs toujours rejetés, à fouler aux pieds le peu de sentiment du devoir du citoyen qui existe, pour ne plus être que les représentans d'un intérêt particulier, lorsqu'ils ne devraient penser qu'aux intérêts généraux de la grande famille. Ou nous nous trompons fort, ou ce sentiment de mécontentement commencera bientôt à donner sa réponse. Prenez garde ; n'attendez pas des excès légaux dont vous souffririez et le pays tout entier, et plus tard l'agriculture elle-même, car il n'y a pas d'excès sans réaction.

Nous nous sommes longuement étendus sur l'organisation actuelle du commerce, parce que sa force et son ensemble, ses conséquences enfin sont peu connues ; parce que nous voulions faire voir clairement qu'en demandant une organisation pour l'agriculture française, nous ne demandions pas une chose nouvelle dans notre pays, mais bien l'application pour l'agriculture de principes admis et en vigueur pour toutes les autres industries.

Nous ne voulons pas sortir de notre rôle d'agriculteur. Nous ne sommes pas et nous ne voulons pas nous faire législateur.

Cependant en étudiant l'organisation du commerce, ne serait-il pas facile de tracer parallèlement et à grands traits quelques larges bases qui pourraient servir de point de repaire, non plus pour la création de chambres consultatives, (après l'exposé que nous venons de faire, de mesquines concessions seraient sans portée), mais bien pour une organisation générale et complette de l'agriculture française.

Il ne nous paraît pas impossible, (quelque difficile que cela nous semble à nous-mêmes,) aujourd'hui ou du moins dans l'avenir, de créer des conseils de prud'hommes agricoles qui, plus encore qu'aux commerçans et aux ouvriers, seraient bien souvent utiles aux habitans de nos campagnes, si éloignés de l'action de la justice et des bienfaits d'une bonne police, si peu capables de se tirer du dédale de nos lois, de nos réglemens et de nos ordonnances, *dans lesquelles si souvent la forme l'emporte sur le fond.*

Ne pourrait-on pas, et ici rien ne s'opposerait à l'exécution immédiate de cette mesure, former par département les élémens d'une chambre consultative d'agriculture?

Il nous semble que les conseils municipaux qui déjà ont souvent concouru à la formation de la première liste des notables commerçans, pourraient concourir avec l'administration, à celle des notables agriculteurs.

Puis enfin par *zone de culture*, (car en général les mêmes cultures, le même sol, le même climat, qui avaient presque toujours amené la formation des provinces, donnent à ces zones de culture les mêmes intérêts), ne pourrait-on pas établir des chambres d'agriculture, qui, elles-mêmes, enverraient des délégués à un conseil général de l'agriculture.

Ne pourrait-on pas s'occuper sérieusement d'un code rural?

Enfin, puisque le législateur, par une sage prévision, a réservé l'avenir dans l'article 23 de notre constitution, en ajoutant après l'énumération des catégories dans lesquelles la royauté pourra prendre des pairs :

« Ces conditions d'admissibilité à la pairie pour» ront être modifiées par une loi. »

Pourquoi le gouvernement, les chambres, ne feraient-elles pas de ces nouveaux corps de nouvelles catégories pour l'admissibilité à la chambre des pairs.

Croit-on que des pairs qui auraient été pendant de longues années grands agriculteurs et presque toujours maires de leurs communes , qui auraient donc passé leur vie à étudier à fond les besoins et les mœurs de nos campagnes : qui y auraient vu appliquer dans tous leurs détails nos institutions municipales, ne viendraient pas souvent éclairer les discussions ? croit-on que chacun n'apprécierait pas vivement leur connaissance pratique de faits complètement ignorés par les hommes politiques qui n'ayant fait que des stages de théories, n'ont jamais eu de contact avec les basses régions de la société ? S'il y avait eu beaucoup de ces pairs dans la chambre haute, on n'aurait pas vu si souvent des lois parfaites en théorie, inapplicables dans la pratique.

Et, par exemple , la loi de 1836 sur les chemins vicinaux qui confie aux maires la direction immédiate et la surveillance des prestations en nature, comme s'il y avait un maire sur cent qui ait les connaissances spéciales d'un agent-voyer, et le temps de donner des mois entiers à une surveillance de chaque instant. Ce qui fait qu'on ne peut tirer quelque profit de cette partie de la loi , qu'en la tournant et l'éludant.

Croit-on surtout que cette mesure serait sans

portée? Ne voit-on pas qu'elle rattacherait à l'agriculture, devenue une carrière, un grand nombre de propriétaires qui n'ont ni emploi, ni occupations, ni place dans notre société, et qui a l'exemple de presque tous les propriétaires anglais, y viendraient sérieusement s'occuper, et apporter leurs capitaux et leur capacité.

Ne voyez-vous par surtout que de cette nouvelle tendance de leur part, naîtraient de nouveaux rapports entre eux et leurs fermiers.

Agriculteurs eux-mêmes, ils connaîtraient les besoins de l'agriculture et en deviendraient les premiers soutiens. Ils fixeraient bientôt leur principale résidence dans leurs propriétés et rendraient ainsi à la localité une partie des revenus qu'elle a donnés, au lieu d'y venir faire des économies pour transporter toutes leurs dépenses dans les villes; au lieu de demander sans cesse aux provinces sans leur rendre jamais.

Ils placeraient dans des améliorations utiles une partie des revenus du sol qui se perd dans le luxe :

Ils deviendraient le pivot des perfectionnemens au lieu d'en être presque toujours le premier obstacle.

Enfin, ils augmenteraient leur fortune au lieu de la dissiper souvent.

De cet ordre de choses naîtraient promptement

les fermes-modèles dans chaque propriété consi
dérable ; les baux à longs termes très modérés à
l'origine, et suivant une progression ascendante :
véritables avances à l'agriculture qui la feront
prospérer plus que tous les encouragemens et les
secours officiels.

Mais ne voyez-vous pas que cet ensemble est
précisément celui qui a amené l'agriculture anglaise au degré de prospérité où elle est aujour-
d'hui.

Ouvrez l'ouvrage de M. de Gourcy ; l'ouvrage
de M. Catineau-Laroche, et vous verrez à chaque
page que ce n'est que par les grandes propriétés,
par l'union intime des possesseurs du sol et des
fermiers, que l'agriculture anglaise a fait des progrès si rapides.

« En Angleterre, » vous dit M. Catineau-Laroche, « l'agriculture se fait par les gens riches :
» en France, elle est abandonnée à des pauvres :
» là c'est principalement avec des capitaux, des
» bestiaux et des engrais, qu'on met les champs
» en valeur ; en France, c'est principalement avec
» les sueurs des pauvres gens... La classe des
» grands propriétaires anglais a dû engager des
» capitaux considérables dans l'amélioration de
» ses terres ; de son côté, l'homme des champs a
» puisé dans la bourse de son maître, et le pays
» s'est couvert de bestiaux... En Angleterre, une

» famille agricole qui possède quelque chose , n'a-
» chète pas, comme toujours en France ; elle loue
» les terres des autres et y place son capital. » .

La demande d'une organisation de l'agriculture
est-elle un fait nouveau ; y a-t-il lieu, est-il opportun de la renouveler ?

Certes , depuis long-temps les esprits sérieux se
sont préoccupés de cette grave question , et ils ont
compris qu'il existait une lacune dans notre organisation française.

Le 28 juin 1837, M. Martin (du Nord), ministre
de l'agriculture , disait :

« La création des chambres consultatives sera
» un immense avantage... Enfin, ce sera une
» sorte de hiérarchie qui nous paraît devoir ob-
» tenir les meilleurs résultats dans l'intérêt de
» notre agriculture et seconder puissamment l'élan
» qui est déjà donné. »

M. Vuitry, dans son rapport sur le budget de
1839, du commerce et de l'agriculture, disait au
nom de la commission :

« Si l'industrie agricole a marché moins vîte
» que les autres, il faut reconnaître *que les princi-*
» *paux élémens du progrès, l'instruction, la force*
» *d'association et la richesse, lui ont manqué tout à*
» *la fois.* »

Enfin, le 8 avril 1840, M. Defitte lut à la
chambre des députés une proposition qu'il avait
rédigée en commun avec M. de Beaumont, pour

l'établissement des chambres consultatives d'agriculture. Le 18 eut lieu la discussion : la proposition fut prise en considération et renvoyée à l'examen des bureaux.

Le 2 mai une commission fut nommée : M. Touret, rapporteur, déposa le 9 juin son rapport qui était favorable au principe de la proposition.

En 1841 ; la reprise de rapport de M. Touret fut demandée mais rejetée ; il n'y eut pas par suite, de discussion sur le texte même du projet.

Le 27 mars 1841, à propos d'une pétition tendant à répandre l'esprit d'association dans l'agriculture, M. Touret défendit de nouveau avec ardeur à la tribune, le principe de son rapport. La pétition sur laquelle on proposait de passer à l'ordre du jour, fut, grâces à ses efforts, renvoyée au ministre de l'agriculture.

La seule discussion un peu sérieuse qui ait eu lieu sur l'organisation de l'agriculture est donc celle du 18 avril 1840.

Qu'il nous soit permis de citer quelques fragmens remarquables de cette discussion.

« M. Victor Grandin : « Je ne concevrais pas
» que des chambres de commerce, des chambres
» consultatives des arts et métiers puissent-être
» reconnues bonnes et utiles, et que des chambres
» consultatives d'agriculture ne le soient pas : »

Le général Bugeaud... « Le progrès ! il n'y a

» que ceux qui ont de la fortune et du loisir qui
» peuvent faire du progrès, et non la multitude. »

« Les comices s'occupent de l'application dans
» les localités, mais il n'ont pas de relations
» directes avec le gouvernement : les conseils
» qu'on demande sont destinés à traiter des intérêts
» généraux de l'agriculture, des lois de douanes
» par exemple qui sont la chose du monde la plus
» importante pour l'agriculture.

» Les conseils généraux s'occupent fort peu
» d'agriculture : leurs sessions sont trop courtes
» et suffisent à peine aux intérêts matériels qu'ils
» ont à traiter. »

Mais il n'y a pas eu unanimité dans la chambre,
et des hommes graves, habiles, se sont opposés
à la proposition de MM. Defitte et de Beaumont.
Parmi les discours contre la prise en considération, le plus remarquable sans aucun doute a été
celui de M. Billault : il a pensé qu'il y avait là
une question d'avenir et d'opportunité.

« Le but est bon » a-t-il dit : « Mais je n'hé-
» site pas à affirmer qu'il faut laisser à ce résultat
» le temps de se préparer. Je ne crois pas qu'il
» soit sage que les lois précèdent les mœurs ; il
» faut laisser au gouvernement le soin de disposer
» les esprits, de *provoquer le mouvement...* puis,
» quand les possibilités seront bien reconnues, que
» l'expérience aura éclairé et mûri les questions,
» il sera temps alors, mais seulement alors de les

» consacrer , de les immobiliser pour ainsi dire
» par une sanction législative.

Quoi de plus sage , quoi de plus profondément expérimenté qu'un pareil langage? Oui certainement les lois ne doivent point précéder les mœurs, elles doivent leur être applicables. Ainsi , tant que l'agriculture sera un métier bas et abandonné; tant que l'agriculteur ne sera qu'un manœuvre , vous ne pouvez lui donner des droits qu'il ne comprendra point, dont il abusera grossièrement. Il faut attendre que les lumières, l'instruction, la bonne éducation aient commencé à pénétrer dans l'agriculture.

« Et, » ajoute M. Billault, « c'est au gouver-
» nement à disposer les esprits , à préparer le
» mouvement. »

Eh bien , quoi de plus propre à produire ce mouvement que les congrès? Quel plus sûr moyen de remuer les masses agricoles, et de les faire sortir de leur léthargie , que ces assemblées qui viennent par l'émulation, profondément émouvoir les fermes les plus reculées.

Et , puisque ces réunions ont été si nombreuses, et si remarquables qu'elles ont presque fait ombrage: puisqu'elles ont eu tant d'écho , puisqu'elles se multiplient tous les jours et au point qu'elles vont bientôt être répandues dans la France entière , ne sont-elles pas elles-mêmes cette manifestation que demandait **M**. Billault: ce mouvement, expression de nos mœurs, n'est-il pas maintenant partout ?

Ne s'est-il pas produit seul, sans aide, sans excitations, avec ce calme et cet ordre des grandes choses, cette puissance des réformes sociales?

Quelle profonde modification s'est opérée depuis quelques années dans l'état intérieur de notre agriculture; quel bien-être, quelle bonne tenue ont déjà pénétré dans nos fermes et dans leur personnel.

Oui nous acceptons de grand cœur l'opposition prudente de **M**. Billault *avec ses conseils pour le progrès*, nous ne demandons des droits pour l'agriculture que lorsqu'elle sera digne d'en user, mais nous croyons qu'il ne faut pas toujours remettre, et que le temps est venu.

Nous pensons que l'ordre parfait, et la prudence qui ont constamment présidé aux manifestations agricoles, les nombreuses et véritables capacités qu'elles ont produites, doivent suffisamment rassurer aujourd'hui le gouvernement et **M**. Billault, et ne pas laisser craindre de confier aujourd'hui à l'agriculture les droits dont les autres industries sont en possession depuis 40 ans.

Il est donc *utile*, il est *opportun*, que l'agriculture renouvelle aujourd'hui par tous les moyens qui sont en son pouvoir la demande d'une organisation large et complète, analogue à celle du commerce.

3° Enfin nous arrivons à la question d'un ministère spécial de l'agriculture : question irritante, demande hardie ; qui a été le signal des mécontentemens et des reproches.

Eh, mon Dieu , tous les hommes censés de l'agriculture feront bon marché de cette demande, si vous leur donnez une organisation sérieuse : ils tiennent *aux choses* plus qu'*aux mots :* ils savent que des institutions valent mieux que des hommes :

Mais qu'on se rappelle ce qui s'est passé depuis deux ans; certes M. le ministre actuel de l'agriculture et du commerce dont personne ne suspecte la loyauté et les intentions , a toujours protesté de sa bonne volonté pour l'agriculture.

Il a même agi plus que beaucoup d'autres, mais à sa manière ; à son point de vue ; c'est-à-dire par des mesures partielles et sans portée réelle : et quant aux grandes questions, aux questions vitales, elles n'ont pas même été étudiées.

L'agriculture a-t-elle d'ailleurs trouvé, je ne dirai pas dans le ministre personnellement, mais dans le ministère du commerce et de l'agriculture, l'appui qu'elle pouvait attendre , l'*étude* même des élémens indispensables pour se former une opinion raisonnée dans les questions qui l'intéressaient le plus profondément. Ses délégués , dans la dernière loi des douanes, n'ont-ils pas eu à rectifier vis-à-vis du gouvernement et des chambres, des erreurs matérielles considérables qu'une simple demande de renseignemens à quelques préfets eussent prévues facilement? Quelle n'a pas été leur profonde stupeur quand ils ont vu que personne ne s'était même rendu compte de l'importance des intérêts agricoles engagés. Ce sont eux qui ont fait ces recherches, publié ces documens qui ont éclairé tout le monde :

Et ces documens où les ont-ils trouvés.

Oh ! parmi les pièces les plus officielles ; tout simplement dans les bureaux mêmes du ministère de l'agriculture , où ils gisaient vierges de recherches, car leurs feuillets n'avaient jamais été coupés.

Et, à qui s'en est pris l'agriculture? Nullement au ministre lui-même ; elle sait bien qu'un homme politique , qui a non-seulement à traiter les questions soulevées par deux branches de l'administration aussi importantes que le commerce et l'agriculture, qui a dans les conseils des ministres à discuter la politique générale du pays , qui enfin doit soutenir sa part des luttes parlementaires ;

elle sait bien , dis-je , que ce ministre ne peut élaborer lui-même des questions pratiques aussi difficiles.

Le ministre de l'agriculture n'a-t-il pas d'ailleurs montré une loyauté et une équité bien honorables , et qui constituent les actes de courage parlementaire les plus difficiles , lorsqu'il est venu à la chambre des pairs , faire ce que devait un homme consciencieux , éclairé par de nouvelles études et de nouveaux faits?

Mais c'est au ministère même de l'agriculture , à son organisation , à son peu d'importance , que l'agriculture s'en est pris.

Et en effet, quand nous voyons dans le ministère mixte , le commerce avoir pour sa part quatre divisions, et l'agriculture n'en avoir qu'une seule , à laquelle encore sont réunis les haras , comment ne pas trouver que la place de l'agriculture est bien petite? Dans tout cela , peut-on reconnaître la vie, l'activité pour l'industrie que chaque orateur appelle pompeusement le premier intérêt français : la base de la richesse nationale.

Croit-on que si on voulait organiser largement et complètement ce premier intérêt français ; (comme le commerce , qui sans doute est le second , l'est depuis si longtemps) , par suite y appeler le mouvement et la vie ; lui donner enfin réellement la place qu'il n'occupe que dans les discours , croit-on qu'on ne trouverait pas bien alors de quoi former un ministère, ou tout au moins une direction générale importante?

Que l'agriculture soit organisée, et bientôt tous les corps qu'on lui donnera, les établissemens qui seront créés, auront avec le ministère des rapports nombreux, lui créeront des obligations de surveillance et de direction immenses.

Pourquoi enfin ne réunirait-on pas au ministère de l'agriculture, ou à sa direction générale une administration générale des chemins vicinaux? Quoi de plus lié à l'agriculture et à ses améliorations, que la construction de ses chemins vicinaux au moyen des prestations : le chemin, la rue qui servent chaque jour à la ferme, ne sont-ils pas le premier objet des études de l'ingénieur agricole, n'ont-ils pas une bien grande part dans l'hygiène et la salubrité des campagnes.

Quels nouveaux intérêts, quelles ramifications dans les services, a créé la loi de 1836.

Cette branche de l'administration départementale est devenue l'une des plus importantes et qui touche le plus vivement aux besoins des communes; mais elle manque d'unité et d'ensemble, et rien n'est difficile comme de faire, que deux départemens voisins puissent s'entendre pour se relier.

Le besoin d'une administration générale des

chemins vicinaux a été senti par beaucoup de bons esprits.

Et puis encore : aujourd'hui deux faits sont bien reconnus par tous les hommes habitués aux débats parlementaires :

1° La nécessité pour un ministère, de réunir les élémens d'une majorité suffisante ;

2° Le fractionnement des membres des chambres en petits bataillons sous les drapeaux des hommes éminens.

Il est encore reconnu qu'avec la composition actuelle des ministères, les ministres ont aujourd'hui une tâche presqu'au-dessus des forces humaines.

Deux systèmes sont en présence pour sortir de cette grave situation :

Le premier consisterait à réduire le nombre des ministres qui ne seraient plus alors que les orateurs les plus éminens, n'étudiant et ne soutenant que les grandes questions de politique générale *qui seules feraient des questions de cabinet*, avec et sous eux des directeurs généraux responsables.

Le second consisterait à augmenter le nombre des portefeuilles, afin de diminuer le poids de chacun, ce qui donnerait aux ministères plus de garantie de stabilité, *en leur permettant de réunir plus de drapeaux.*

Le premier système paraît abandonné faute d'hommes possibles, assez supérieurs et assez influens.

Le second a de l'avenir aux yeux de bien du monde parce qu'il semblerait devoir donner plus de stabilité aux administrations.

C'est à ce second système qu'aboutissait la demande de l'agriculture ; elle n'était donc ni nouvelle ni dangereuse.

« Et enfin, le gouvernement avait-il disposé » les esprits, avait-il provoqué le mouvement ? »

Evidemment le mouvement agricole se traduit par les congrès et se résume en eux.

Le gouvernement, le ministre de l'agriculture les a-t-il appelés, les a-t-il favorisés, leur a-t-il montré seulement la moindre sympathie ? A-t-il réuni ses élus comme il l'a fait pour ceux du commerce ?

Tout au plus peut-on dire qu'il est resté simple spectateur.

Et même, les reproches auxquels nous venons de répondre ; ils ont été faits depuis le dernier congrès central dans l'intérieur même de la chambre des pairs, *et dans les journaux du gouvernement* sans que personne y réponde en son nom.

N'a-t-on pas mis en doute l'autorisation d'autres congrès pour l'avenir ? N'a-t-on pas dit qu'on ne savait comment seraient adressés ou reçus les vœux de réunions qui n'avaient aucune autorisation légale?

Comment pourraient être adressés ou reçus les vœux de plus de quatre cents délégués des sociétés et comices accourus de tous les points de la France ! ! !

Sous notre Gouvernement !

Sous notre Constitution !

A-t-on jamais dit cela de la moindre pétition ?

Eh bien ! dans ces circonstances, comment l'agriculture ne se serait-elle pas laissée aller à un peu de vivacité, et n'aurait-elle pas cherché à obtenir, pour arriver à la grande affaire de son organisation, un protecteur si non plus consciencieux, du moins plus immédiat et plus pratique?

Mais enfin, nous le répétons, cette demande n'est considérée par tous les bons esprits que comme secondaire, ou si l'on veut, que comme moyen extrême.

RESUMONS-NOUS :

Nous croyons, qu'il n'y a aucune amélioration sérieuse et durable à attendre de l'agriculture française, jusqu'à ce qu'on soit parvenu à y attirer les capacités et les intelligences du pays : mais

qu'une fois ce résultat obtenu, l'agriculture mar-
cherait seule et à pas de géans comme l'a fait le
commerce.

Nous croyons que pour arriver à ce résultat
précieux, il faut attirer les hommes capables dans
les campagnes, non seulement par les améliorations
matérielles et le bien-être, mais encore par la
considération et l'honneur qui seraient le prix de
leurs efforts et de leurs succès : et que ce résultat
s'obtiendrait par une organisation largement conçue
qui créerait une hiérarchie dans nos mœurs et
assurerait : à l'agriculture, des protecteurs directs
et zélés, au gouvernement, des avis éclairés.

Nous croyons d'ailleurs que cette mesure est
d'une justice incontestable et que l'agriculture a
droit à obtenir une organisation analogue à celle
du commerce, de manière que les droits et
l'influence de ces deux industries soient équita-
blement balancés.

Nous pensons avec M. Billault que cette grande
réforme est une affaire d'opportunité, qu'elle doit
arriver avec les mœurs et après un mouvement
prononcé qui l'aura préparée d'avance.

Mais enfin, nous sommes convaincus que le
temps est arrivé ; que la réforme est parfaitement
préparée, et que nos mœurs sont mûres pour les
institutions que nous demandons.

Nous voyons dans le mouvement spontané qui est né seul, qui grandit chaque jour, un indice certain de cette maturité, et nous croyons qu'il est temps, grand temps, que le Gouvernement reconnaisse enfin les causes qui arrêtent les progrès de l'agriculture française, qu'il lui prépare une organisation large, sage, libérale et complète, et que les chambres viennent consacrer et mobiliser ces nouveaux droits par leur sanction législative.